2013 CHINESE INTERIOR DESIGN

COLLECTION
2013中国室内设计集成

|售楼处|别 墅|公 寓|

《设 计 家》编 著

广西师范大学出版社
·桂林·

前言

汇百家　集大成

　　《2013中国室内设计集成》是《设计家》杂志秉持其一贯的开放视野和专业态度，汇编最新于中国境内完成的优秀室内设计的作品集。全书共收集140个作品，类型涵盖酒店、餐厅、办公、商业展示、娱乐休闲、公共空间、售楼处、别墅、公寓等，门类多样，是当下中国室内设计各个领域的代表性作品。作者阵容强大，有来自著名国际设计机构的欧美名师，有久已闻名于业内的亚太名家，也有本土创作实力派和海归创意新锐族，充分体现了编者海纳百川的包容精神。

　　本书全部为最新实际完成的作品，以当下现实生活为基础，展现了多元创作风格，既与国际潮流趋势接轨，也与中国传统文化一脉相承，为关注中国室内设计现状与发展方向的相关人士集中提供了真实的样本，也是中国室内设计迅速成长与成熟的成果纪录。

《设计家》编辑部

2013年5月

目录

CONTENTS

公寓	**APARTMENT**

中 国 室 内 设 计 集 成

2 0 1 3　中 国 室 内 设 计 集 成
CHINESE INTERIOR DESIGN COLLECTION

「售楼处」
SALE PAVILION

01 02

JIANFA JINSHALI
SALES CENTER IN CHENGDU

成都建发金沙里售楼处

设计单位	KLID达观国际建筑室内设计事务所
主持设计	凌子达
建筑面积	900平方米
完成时间	2012年

本项目以充满时尚感的新装饰主义与精雕细琢的Art Deco元素，组合成具有现代感的华丽空间，再加上Art Deco风格的时尚化家具设计，配合银箔、高光漆、绒布等材质的运用，打造出与时尚潮流同步的豪华售楼中心。

01 圆形围合接待台
02 入口
03 大厅内采用了大面积大理石铺设
04 可提供酒水的休息吧台

03

05 吧台结构
06-07 洽谈区
08 屏风隔断的休息洽谈区与吧台相连

09 过道波浪形的天花吊灯与地面折线形的地砖图案形成鲜明对比
10 开放式的休闲洽谈区
11 VIP 包房

01

MINGLY METRO SALES CENTER IN HAINING

海宁名力都会售楼处

设计单位	KLID达观国际建筑室内设计事务所
主持设计	凌子达、杨家瑀
项目地点	浙江 海宁
项目面积	2,500平方米
完成时间	2012年

这个项目在城市的中心，业主希望打造出一种大都会中的时尚风格。在这个项目中，我们同时设计了建筑、景观和室内。

在景观设计中，我们设计了一个水池，作为连接建筑和车道的纽带，而在建筑设计中，除了有房屋销售区、模型展示区、洽谈沙发区、多媒体影视厅和办公室外，还融入了三件样板展示房。在这个项目的前方有一条河，所以建筑的形体是沿着河的流向而形成的。面向河流的立面设计了大面积的落地窗，而在室内空间中，洽谈沙发区则位于落地窗旁，人在其中便可欣赏到河流的景观。

设计师在入口处设置了一个独立的圆形多媒体影视厅，除了起到3D动画影片展示的作用外，它弧形的墙面造型也使得整体空间形成了两条不同的动线。

02

01 入口处独立圆形多媒体影视厅
02 接待台
03-04 几何造型的过道
05 不同材质的结构造型划分了功能区

05

06
07

06 入口处抽象的现代艺术品
07 靠窗的洽谈沙发区
08-10 不同材料给空间带来丰富的质感

01 02

ZHICHENG SALES CENTER IN FOSHAN

佛山广佛智城销售中心

设计单位　东仓建设集团有限公司
主持设计　余霖
项目地点　广东 佛山
完成时间　2012年

　　该售楼部位于广佛交界处的新兴投资地产板块内。设计中的"森林"环境的营造是希望缓冲在销售环境中的对持情绪，同时也是对智城蓝图的浪漫诠释。

　　本项目设计中，余霖作为东仓建设的设计总监将这个理念带入了东仓建设的研究中心并进行了技术实验。在这种空间中通常有三个因素必不可少：一，情节感。通过某一场景布置来延伸观看者和使用者的联想与空间属性假定。在广佛智城的场景中，大量的树形装置形成"森林（FOREST）"的假定，而树枝上的巨大灯箱则打破对传统森林的观察习惯。森林场景因此变得抽象。而纯白的空间基色设定则使故事性跳跃。

它界定了这片森林的浪漫基调。二，角色。在场景中出现的幽灵球是由雕塑工厂根据设计图纸定制的，不锈钢色的外表和高反射度的材质让漂浮造型的幽灵球虚化。它成为场景中有趣的拟人角色。这种角色的界定介于空间与使用者之间，并加强了两者的粘度。是场景的活化剂。三，活动。在叙事性的空间内人与空间的活动关系是十分重要的环节。许多场景化的空间设计如橱窗，舞台，远离人群，界定了观察的距离，并没有被观察者真正的使用。而在叙事性空间内，人的行为则需要被完整的贯穿于所设定的场景。在广佛智城的设计中，人群的商谈场景被防止在森林内，而灯箱则对不同群落的人群起到重点照明的

01 接待台
02 空间内森林气氛的营造
03 纯净的材质与造型

作用。对此，设计师对于销售情绪的对持与破解尤为看重。希望通过场景和活动，消解销售的具体行为带来的摩擦，也增强对于购买者对未来场景的想象与可能性的感知。

　　东仓建设在许多的项目中进行着有趣的实验，这也成为这家设计公司保持鲜活创造力的根本原因。通过这个项目和作品，我们希望能获得更多的空间表述的可能性。也希望能描绘更多更具有想象力和先锋创造力的作品。

04

05 06

04 咨询台上方吊灯意为"泪滴"
05 白色为空间主色调
06 绿色盆栽点缀了纯净的空间

07

07 通往工作区的过道
08 黄色的木质材料营造办公区带的温馨气氛

01 02

GREENLAND GROUP MEDICAL PARK SALES CENTER IN SHANGHAI

上海绿地医学园售楼处

设计单位　穆哈地设计咨询（上海）有限公司
主持设计　颜呈勋
项目地点　上海
完成时间　2012年

　　位于上海市郊区的医学园售楼处主要以出售商业店铺为主，因其设计师自身的建筑背景，在空间设计上融入了当下的一些建筑理念，摒弃了过多的装饰，让整体空间呈现出时尚简约的特色。

　　空间内部的多处"盒子"，其几何的造型传达出理性的气质，表面的凹凸是为了增加"盒子"的柔软度，减少几何冷淡、单一的感觉，墙面上的灯光处理让整个气氛更轻松舒服，理性与感性在这里得到很好的平衡。

　　灯片构成的吊灯、沙盘区、VIP包房墙面的造型都从不同角度，以不同尺度紧扣了时尚简约的主题。

　　公共空间大面积采用了白、金两种颜色，配以灰色大理石地板，干净淡雅，低调但不平庸。相对私密的VIP室在色彩气氛的塑造上则丰富跳跃许多，而整体软装配饰上也沿袭了简约这一主要风格。

01 墙面的几何凹凸软化了空间的质感
02 灯光营造出温馨的气氛
03 现代简约的空间构造
04 大面积的金色和白色为空间主色调

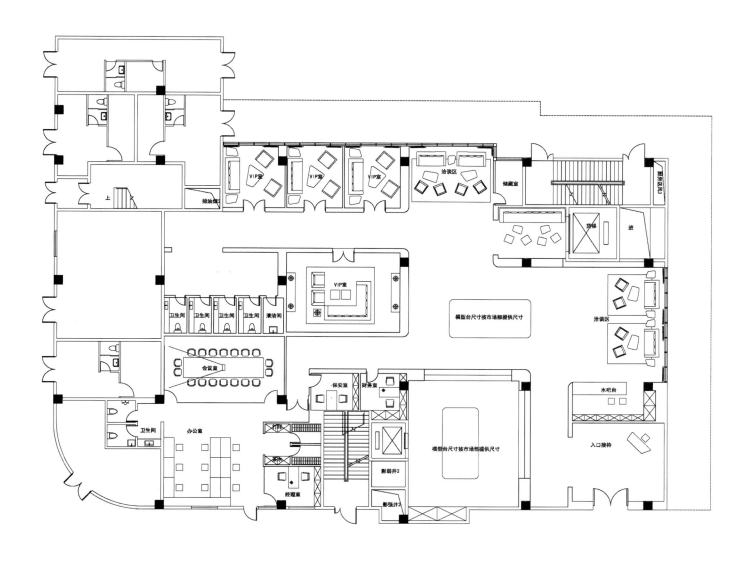

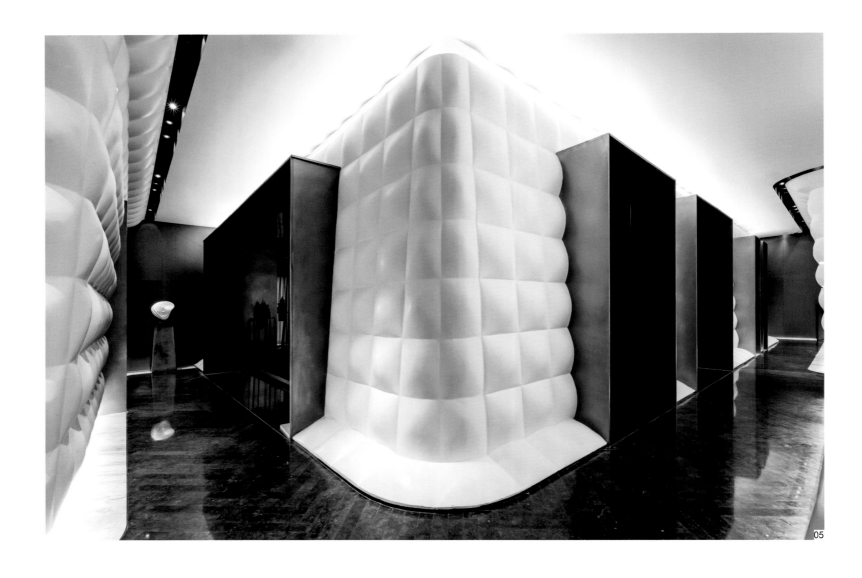

05

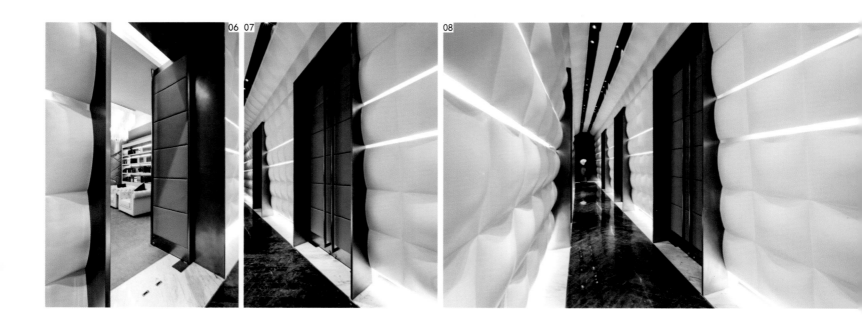

06 07

08

09

10

05 公共空间过道
06-08 过道局部
09 方形灯片构成吊灯呼应了简约的主题
10 简约舒适的会谈包房

11

12

11-12 半开放式的会谈区
13-14 VIP包房的色彩配置更为轻松活跃

15

16

01 02

GREENLAND GROUP PULI SALES CENTER IN JI'NAN

济南绿地普利售楼处

设计单位　穆哈地设计咨询（上海）有限公司
主持设计　颜呈勋
项目地点　山东 济南
项目面积　1,000平方米
完成时间　2012年

　　济南普利售楼处以白色和木色为主线，木质材料的天然纹理成了本案的装饰，贴近自然，却也简洁婉约。大块面木质材料用金色隔断，这种打破原色的突兀，反成了另一种装饰，另一种美。

　　白色墙体上无规则地排列着各种几何造型，繁中透简，乱中有序，白色的主色调选用让整个墙壁看起来纯粹洁净，在自然光及灯光的映衬下，让整个空间看起来更加温暖明亮。

　　本案最大的特点应该是整个空间的倾斜设置，倾斜的装饰、倾斜的天花、倾斜的墙体，这些倾斜元素，营造了一个别样的空间，透着浓浓的探索乐趣；设计师在这里安排了如此美妙的惊喜，给人以无边的想象。

　　交流区域暖色调的墙上运用了大量的钛金板，折射出窗外的美景，随着时间的变化，它们也俨然成了一幅变动的画饰。展示沙盘上方的吊灯是另一亮点，高低错落的灯管，呈现出了令人意想不到的演绎结果；再配以本案的主色调，与吊灯下方的空间互为呼应，大放光彩。

　　交流区边上的两个白色的人物模型，是设计师的心机之处，乍眼看去，还以为是两位售楼人员在迎接宾客。另外，本案选用时尚、简洁的家具，塑造了纯粹的展示交流空间，来此，也是一种享受。

　　楼梯则是另一番风景，它们全部选用木材来铺设，与木墙的纹理相呼应，木材的天然纹理，延伸了整个空间，营造了特殊的层次造景；这里的楼梯，更像是一个长廊，通往另一个空间，让人充满了探索的欲望。

01 楼梯间用天然木材铺设
02 大厅
03 接待台
04 白色墙体上无规则的几何造型在灯光的映衬下温暖明亮

03

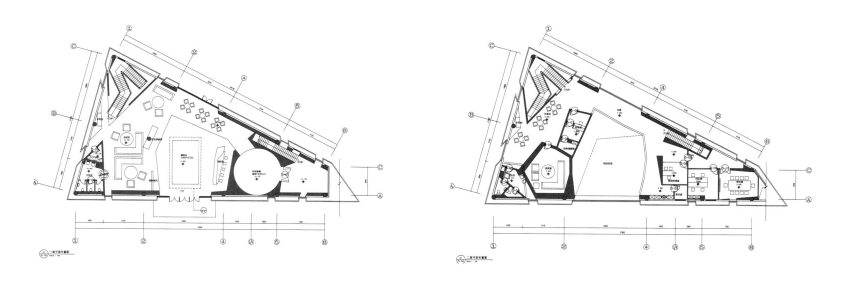

05
06

07

08 大面积白色几何墙体围合的大厅
09 交流区墙面上大量的钛金板折射出窗外的美景
10 木材铺设的过道延伸至整个空间
11 卫生间

01　02

GREENLAND GROUP ZHENGZHOU STATION SQUARE SALES CENTER
绿地郑州站前广场售楼处

设计单位　穆哈地设计咨询（上海）有限公司
主持设计　颜呈勋
项目地点　河南 郑州
项目面积　2,000平方米

　　该项目位于郑东新区高速铁路客运站西侧广场附近，郑东新区商住物流园区内。该售楼处的建筑外形由不规则的钻石切面组成，如同一块黄色的石头经过切割露出不同部位的切面，整个建筑充满立体的动感。

　　室内设计是从建筑的外形演变来的，整个室内的空间布局按照功能划分，中间的大块区域留给模型展示和洽谈，所有的墙面都是经过切割而成的大块切面，傍晚灯光从建筑切面的各个部分溢出来，如同一个发光的宝盒。

　　一层至三层的天花大量采用了亮面金属板，配合切割纹理，使整个顶部如同许多水晶切面相叠加，看上去晶莹剔透。当金属材质的天花和柱体墙连接时，水晶切面与柱体连贯一体，充满动感。切割纹理还充分地应用到卫生间的墙面、天花的发光灯具、VI系统等。

　　在色彩搭配的选择上，高雅的浅咖啡色金属面和白色的亮面大理石，以及大量带有华丽感的丝质布料，通过设计整合，创造出一个现代前卫又不失丰富感和华丽氛围的商业空间。

01 如同钻石切面组成的中庭天花及墙面的仰视效果
02 白色立柱支持整个空间
03 大块模型下的洽谈区

03

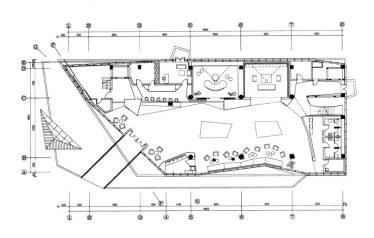

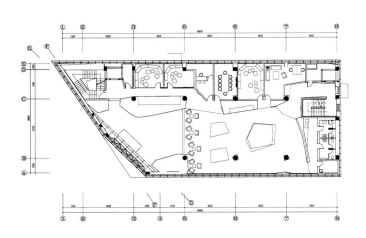

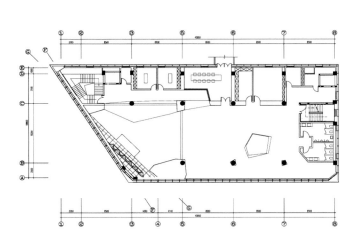

07

04-05 充满立体动感的空间
06-08 黑白转折的几何墙体
09 天花的亮面金属板倒影出地面景象

09

10-11 动感的立体块面结构展示台
12 洽谈区
13 过道
14 金属切面拼贴成的楼梯过道墙
15 卫生间

13

15

01

DAYUAN INTERNATIONAL SALES CENTER IN CHENGDU

成都ICON大源国际中心售楼部

设计单位　成都多维设计事务所
主持设计　张晓莹、范斌
项目地点　四川 成都
完成时间　2012年

　　项目位于天府大道旁大源核心商务区，为2011年高投置业在城南的点睛之笔。外观采用德国GMP建筑事务所"德系精工"建筑手笔进行演绎。

　　设计上结合项目和目标客户群特征，定义ICON·大源国际中心售楼部为现代风格，设计理念定位为"德国精工再发现"。项目logo演变的无规则现代感线条、镀膜玻璃折面的异形"钻石"盒子、德国精工品质的收藏品、硬朗现代感的家居等设计元素，在呼应德国品质坚实外表的同时，打造具有理性化、个性化、可靠化、功能化的内在空间特征。

　　灯光布置上，采用泛光源、点光源、LED线光源相结合的方法，天花T5灯槽纵横交错，其造型来源于项目LOGO，简洁明了，干脆利落。德国精工展示区域则采用LED线光源，用透明亚克力为传送媒介。

01 大厅
02 接待台及金属切面展示台
03 天花纵横交错的灯槽

02

03

04-06 过道墙面上透明的展示盒内展示了德国精工品质的收藏品
07 洽谈区
08 洽谈区局部
09 洽谈区入口
10 硬朗的现代感家居

01 02

CITIC DALIAN PORT SALES CENTER IN DALIAN

大连中信大连港营销中心

设计单位　　PAL设计事务所有限公司
主持设计　　梁景华
项目地点　　辽宁 大连
项目面积　　3,500平方米
完成时间　　2012年

中信大连港营销中心，楼高两层，毗邻近百年历史的大连港湾，设计师以"启航"为主题，采用大量木器，通过现代奢华的手法，打造优质的营销气氛，为海岸带来一种繁荣的新景象。

营销中心的弧线外形圆润流畅，设计师把此特质引入室内，并以传统木船作为设计理念。甫入大堂，木条子的流线型天花萦绕着和谐的律动感，偌大的金属镂空屏风，配合闪烁的特色造型水晶灯，增添豪华气派。

位于一楼的展示区，以三角形为主图案的8米高天花，高低起伏，与耸立的木柱子紧密联系，犹如船竿与船篷的密切关系；天花内置灯槽，将灯光转化为空间设计元素。一个圆拱形建筑结构划分出了品牌历史的展览区，该结构由金属条子拼出不规则的三角形，以"渔网"为设计概念，犹如一座巨型的艺术雕塑，反射的影子如海上的粼粼波光。

奢华贵气的氛围延伸至洽谈区、贵宾室及休憩区，强调内敛、平稳而富有现代品味。光线透过建筑的窗户引入室内，与外景穿插渗透，形成舒泰的营销环境，引人驻足。

01 流畅的木条子流线型天花
02 天花仰视图
03 舒适的休憩区

03

04

05

04-05 洽谈区
06-08 三角形高低起伏的天花
09 展厅内部过道
10 品牌历史展览区渔网状的艺术装置，由被三角形的金属条围合而成

11 流线型的沙发
12 镶有镜面的木饰墙面
13 天花细部
14 二楼局部

01

VANKE GOLDEN CITY
SALES CENTER IN NINGBO

宁波万科金色城市售楼处

设计单位　上海京钰室内装饰设计有限公司
主持设计　周欣宇
项目地点　浙江 宁波
完成时间　2012年

　　大胆的倾斜屋檐、浓郁的热带风情，让人暂时忘却城市的喧嚣。设计使人联想起充满阳光的度假屋，仿佛无须舟车劳顿，就能徜徉于碧海蓝天、悠闲自在的度假胜地。项目设计简洁与复杂并存，典雅清新而不失妩媚艳丽的独特风尚，让人感到轻松和愉悦，更加健康环保、人性化以及个性化的价值理念，满足了人们内心对爱与美的追求与渴望。该项目成功营造出了休闲的、舒适的、轻松的东南亚风格环境氛围，并结合本身的建筑结构的造型，使室内外的环境融为一体。

02

01 天花造型如倾斜的屋檐
02 简约的中式风格
03 展示区

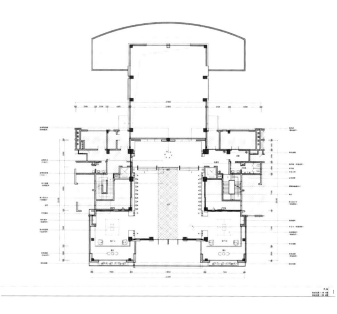

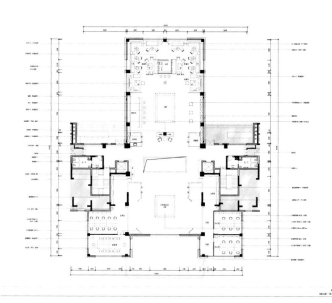

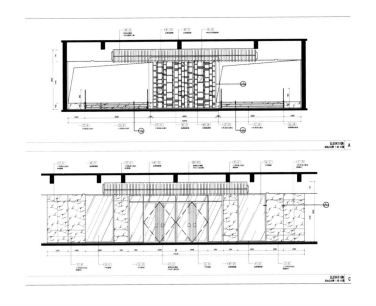

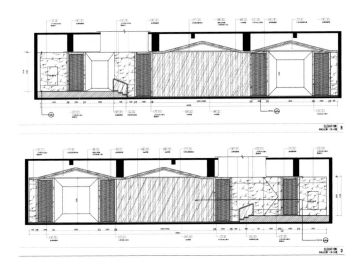

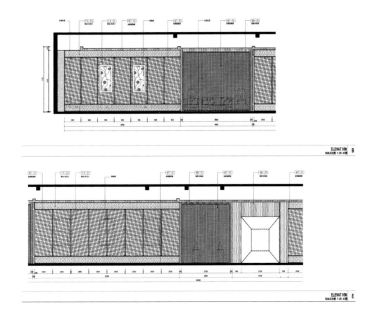

07

04-06　东南亚风格的环境氛围
07　金属制的镂空屏风
08　二楼中庭

08

CHINA ECOLOGICAL OFFICE DISTRICT SALES CLUB

佛山中企绿色总部售楼会所

设计单位	广州共生形态工程设计有限公司
主持设计	史鸿伟、彭征
项目地点	广东 佛山
项目面积	1,000平方米

中企绿色总部·广佛基地位于广佛核心区域——佛山市南海区里水镇东部，总占地面积300,000平方米，建筑面积约500,000平方米。项目由生态型独栋写字楼、LOFT办公、公寓、五星级酒店、商务会所、休闲商业街等组成。

所谓"企业总部"就是指集办公、展示和企业会所等多种功能于一体，具有建筑功能的复合性和多元化。所谓"绿色"则是指开发商倡导一种"生态办公"的理念。

01-02 入口门厅的过道
03 楼梯墙面的大面积玻璃延伸空间了视觉
04 电梯间
05 几何形体的展示台

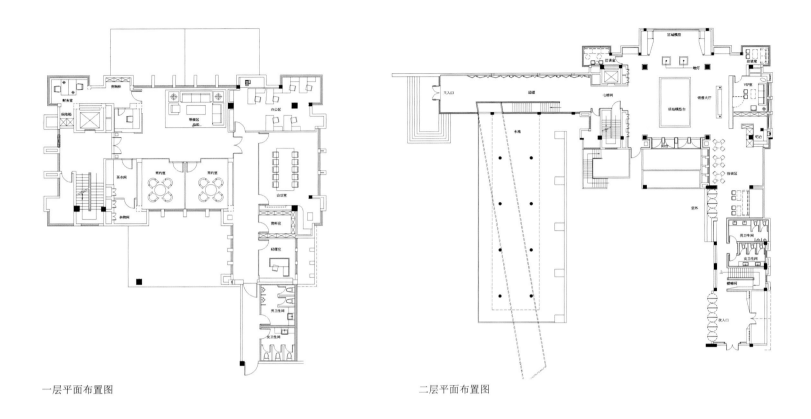

一层平面布置图　　　　　　　　　　　　　　二层平面布置图

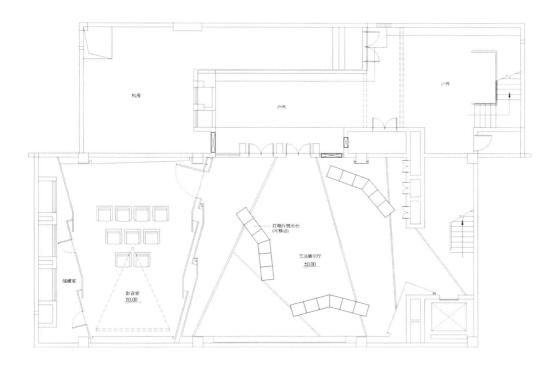

负一层平面布置图

06 沙盘展示台运用石材的纹理
07 块面结构
08 透明玻璃质感的凹凸墙面
09 休息区

11

10 洽谈休息区
11 方形盒子状的金属框条组合
12 会议室

12

01 02

MARSEILLE INTERNATIONAL BUSINESS CENTER

马赛国际商务中心

设计单位　广州共生形态工程设计有限公司
主持设计　彭征、史鸿伟
项目地点　广东 广州
项目面积　20,000平方米
完成时间　2011年12月

该项目位于广州的CBD珠江新城，设计风格为现代简约的国际化风格。

方案强调律动的线条与光的设计。入口处突出的造型、商务中心多边形的大模型台是重点展示的焦点；接待台的线条灯饰与洽谈区的方块灯饰，及电梯间的天花用不同的光线处理，强调了不同的工作范围；不规则的地砖与墙面的装饰则扩大了空间的视觉张力。

03

01 接待台
02 洽谈区
03 过道
04 方盒形的吊灯与展台相呼应

05 06　　　　　　07

05-07　电梯间及过道
08　多边形几何造型的展示台
09-10　过道细部
11　电梯间细部
12　入口

09 10
11 12

01

GREATTOMN SALES CENTER
IN FUZHOU

福州名城国际售楼部

设计单位　福州品川装饰设计有限公司
主持设计　林新闻
项目地点　福建 福州
项目面积　2,574平方米
完成时间　2012年

在大体量的空间结构设计中，竖向的通透和横向的流动是关键，它们会在不经意间彰显出卓而不群的气质。设计师基于这个设计理念，将名城国际售楼部的各个功能区域都巧妙地串联在一起。在这里我们可以体验到丰富的空间层次，以及从每一个精心设计过的地方散发出来的尊贵感。

弧形是这个空间中鲜明的视觉特征，售楼部的外观与内部大堂的顶部均以此造型作装饰，

颇有太空舱的模样。大胆而富有创意的几何造型设计往往能给人带来奇妙的享受，对于欧式风格的售楼部而言，这种处理方法让每一个宾客都能感受到楼盘的品质与开发商的匠心独运。在此基础上，墙面的浮雕效果所呈现的高贵优雅气质，让愉悦的心情油然而生，也使得空间有了更为戏剧化的表情。华丽的白色吊灯与周边的点光源相互搭配，凝固与流动的质感透过这个大体量的空间，为人们传递高贵与定制化的身心体验。

与此同时，大面积的玻璃窗户则使得室内外空间拥有了交流的渠道，通透的布局规划让厚重与轻盈相得益彰。在沙盘一侧的洽谈与休憩区中，丝绒表面的沙发、座椅融入古典的氛围中，不同材质在肌理的碰撞中让环境逐渐丰满起来，色彩也在深浅对比中传达着细腻的质感。置身其中，每一个元素都是那么清晰明了，构成了空间视觉上的舒适感，继而营造出这个区域最凸显的主题。

01 高挑的弧形天花顶
02 欧式风格
03 建筑外立面夜景
04 大面积的玻璃窗户使得室内外空间拥有了交流的渠道

05 展示区
06 墙面的浮雕呈现出高贵优雅的气质
07 接待台
08-09 洽谈区
10 封闭式接待室

08

09 10

01　02

XIXI MOHO SALES CENTER
IN HANGZHOU

杭州西溪MOHO售楼处

设计单位　杭州意内雅建筑装饰设计有限公司
主持设计　朱晓鸣
参与设计　曾文峰、高力勇、赵肖杭
项目面积　210平方米
完成时间　2012年

　　本案展售的楼盘，针对的是80后，30岁上下，从事创意产业为主的时尚群体。结合本案项目所在地空间较为局促等几个方面综合考虑，设计师没有刻意去寻找如何在小场景中创造大印象，如何跳脱房产销售行业同质化的、令人紧张的交易现场，如何创造一种更容易催化年轻群体购房欲望的氛围，而是就把"她"定位为一个纯粹、略带童真，甚至添加了几许现代艺术咖啡馆气氛的场所，以此做为切入点。

　　整体的空间采用了极简的双弧线设计，有效地割划了展示区以及内部办公区，模糊化了沙盘区、接洽区和多媒体展示区，使其融合在一起。

　　空间色彩大面积采用纯净的白色，适当点缀LOGO红色，与该项目的视觉形象相吻合。

　　智能感应投影幕的取巧设置、树灯的陈列，还有开放的自由的水吧阅读区，综合传递给每位来访者轻松而又自由，愉快而又舒畅的感受，吸引他们在此畅想并提前体验优雅小资的未来生活。这也完美表达了MOHO品牌的内在含义：比你想象的更多。

01　纯净的白色创造年轻的氛围
02　弧线型的展示区
03　接待台一侧
04　开放的自由水吧阅读区

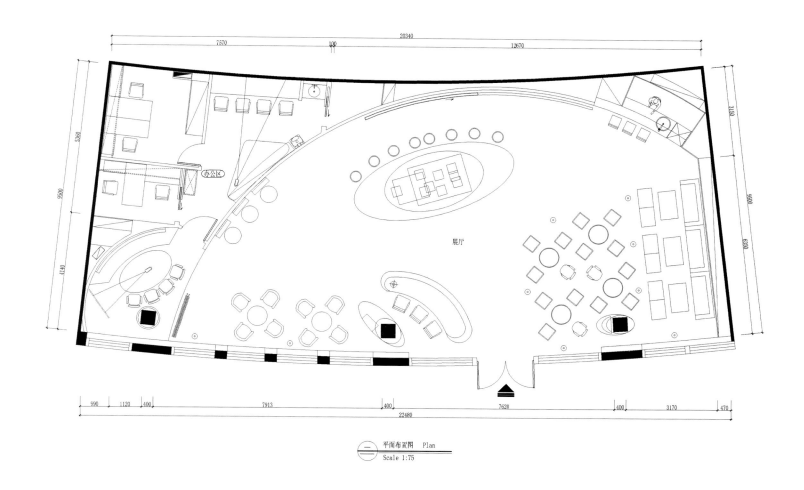

平面布置图　Plan
Scale 1:75

03　04

05

05 圆形的沙盘展示区上方聚集的吊灯群起到了很好的
凝聚视线的作用
06 洽谈区
07-08 树形的灯饰点缀白色空间

2013 中 国 室 内 设 计 集 成
CHINESE INTERIOR DESIGN COLLECTION

「別墅」

VILLA

01 02

THE MASTERPIECE IN HONGKONG

香港名铸

设计单位	AB Concept
主持设计	伍仲匡、颜学添
项目地点	香港
项目面积	584平方米
完成时间	2012年

名铸位于全球首家购物艺术馆K11的上层，整个住宅项目集当代艺术及时尚品味于一身，散发着多元文艺气息。名铸坐落于大楼第27楼至第67楼，提供345个坐拥醉人维港景致的豪华单位，在这里，设计师将顶级奢华享受推向极致。

特高的窗户犹如巨型画框，将维港景致剪裁成一幅美丽的风景画。设计师还善用半圆形的客厅布局，特意装设整排落地玻璃窗，让住客欣赏到180度维港景色，细看两岸的昼夜变化，带来终极视觉享受。建筑面积达584平方米的四房四

套复式户型，傲踞于名铸的66及67层，专为向往顶级生活享受的住客度身而设。单位简约利落的亮丽，在银灰色的基调衬托下显得恰到好处，辅以青铜色，及订制地毡和弧面设计，予人优雅高贵的感觉。一组俨如雕塑的光纤吊灯从上层一直延展至下层，耀眼夺目，更是出自英国设计师 Sharon Marston 的精彩杰作。下层由客饭厅、厨房和客房组成，上层则设有主人房、两间睡房和偏厅。设计师透过精妙的落地玻璃设计，使住客在上层的偏厅能一览底层的起居空间及窗外远

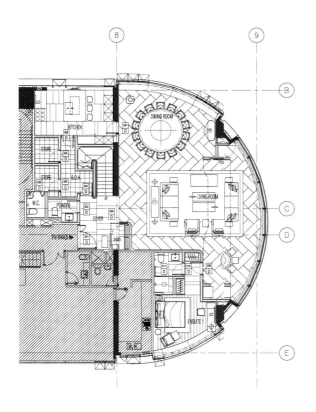

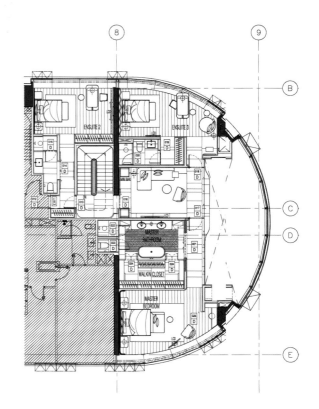

01 特高落地玻璃大窗可让住客180度欣赏到维港景致
02 犹如雕塑的光纤吊灯
03 大理石铺设的客厅

景，享受前所未有的广角观景体验。设计精妙之处，就是匠心独运的细节点缀，比如，设计师于串联起楼层的楼梯间内装设假天窗，造成自然光引入的错觉，赋予本来平平无奇的楼梯新生命。客饭厅以大理石为主要铺饰，而睡房则采用质感丰富的绒布、手织地毯和亮漆渲染，完美地演绎瑰丽典雅的设计风格。

04 一层夜景图
05 二楼偏厅一角

05

06 银灰色的空间基调

07 卧室极佳的视野

08 过道

09 卫生间

10 楼梯间的假天窗模拟自然光引入的错觉

01 02

STANLEY HOUSE IN HONGKONG
香港赤柱别墅

设计单位　THE XSS LTD
主持设计　张思慧（Catherine Cheung）
项目地点　香港
项目面积　372平方米
完成时间　2012年

　　这间华丽的居所，灵感来自国际化的魅力都会——香港，并融会中西荟萃的丰饶神韵。本案糅合西方的建筑风格及传统的风水哲理，以繁盛的香港大都会为主题，郁郁的冷色调如银灰和咖啡色，主宰着整个空间的氛围，营造出低调华丽的感觉。巧妙搭配的柔和颜色、优雅的水晶灯和精心挑选的物料，使本案不只是居高临下，环抱无敌海景的豪宅，更真实地反映了屋主的奢华生活方式和品味。

03

01 大块面的楼梯口
02 主人房的旋转楼梯通往衣帽间
03 饭厅
04 客厅的海景景观
05 从饭厅面向客厅

04

05

10 11

06　饭厅一角
07　主人浴室的云石马赛克拼图
08-09　楼梯成为屋内的特色设计
10-11　主人房浴室的储物柜
12　主人房

12

01

XISHAN TAIHU VILLA IN SUZHOU
苏州西山太湖别墅

设计单位　PAL 设计事务所有限公司
主持设计　梁景华
项目地点　江苏 苏州
项目面积　约453平方米
完成时间　2012年

　　位于苏州的西山太湖独立别墅，揉合了现代中式的设计。楼高三层的示范屋，以暖色为主调，采用大量天然材质，空间的功能性与舒适度并重，含蓄地流露出一份东方新风尚，并且注重生活化和温馨的感觉。

　　玄关及客厅以现代东方风格为主题，偌大的花形图案屏风，与花纹主题墙散发出淡然的优雅；宽大的全景窗引入柔和的光线，家具采用稳重的木色系，让人感到温情暖意；配以红色帘子、花型灯饰、艺术单品，创造了空间的视觉焦点，将中国传统特色升华到更巧妙的高层次。

　　简单的圆孔造型墙与天花贯穿各层空间，大量天然木材的运用，铺叙着现代中式的唯美风韵。细腻的气息延续至主卧室，黑白色系为主的装饰与原木色大地色系气质相融；简约的中式条子修饰床架四角，与精致的树叶纹主题墙散发天然静谧的氛围；配以树干为主题的艺术饰品，极富现代感的同时，又让人感觉宁静放松；叶纹主题的活动拉门划分出主卫生间，其中置有高质量的国际品牌高级浴室配备。

　　家庭厅、饭厅、厨房、棋牌室、衣帽间、茶室等区域，贯彻着完整统一的现代东方情调，透过天然材质的变化与整合，使雅致的艺术品及原木家具在暖色系的调和作用下，构成一个宜人之居。

01 入口大门
02 现代东方设计风格
03 别墅侧门

04-05 彰显中国传统特色的客厅
06 木色系色调体现稳重感

07 休闲棋牌室的花形镂空屏风
08-10 过道大量使用了木材
11 黑白与大地色系风格的次卧
12 中式灯笼造型的灯传达东方风韵
13 洒满阳光的角落

11 12

13

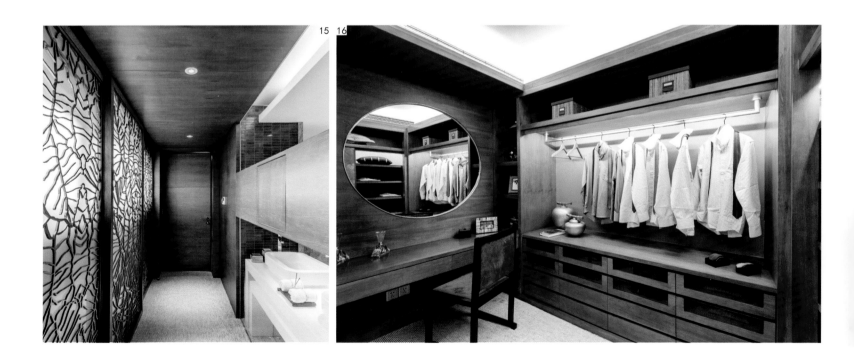

14 主卧室
15 叶纹主题的活动拉门划分出主卫生间
16 更衣室
17 大面积大理石铺设的卫生间
18-19 悬梁结构
20 圆孔造型墙

YELAND CITY-YANXI
WASHINGTON TYPE-F IN BEIJING
北京亿城燕西华府F型别墅

设计单位　　PAL 设计事务所有限公司
主持设计　　梁景华
项目地点　　北京
项目面积　　约319平方米
完成时间　　2012年

位于北京的燕西华府F型，是一间充满现代古典风格的三层高别墅。整间别墅分为4层：首层包括南院及北院、玄关、起居室、客厅、餐厅、早餐区、及1间套房。设计师采用落地大玻璃，将阳光引入室内，令住户无论身在何处都可欣赏花园及水池的怡人景观。2层为2间客卧室及儿童房，三层为主卧室、主卫生间、衣帽间、书房兼会客室，地下层包括家庭厅、佣人房、洗衣间及车库。

玄关及客厅以现代古典风格为主题，以米白色云石打造墙身及地板，一幅偌大的古铜色屏风，配合一块由一层延伸至三层，差不多十米高的华贵黑海玉作为客厅的主题墙，颜色亮丽，展现现代古典的华丽风格。在客厅及酒吧区亦挂着意味横生的艺术画并放置一些艺术品，加上如一盏由银色小圆球聚合而成的现代吊灯，为整间屋子增添简约的时尚气息。

主卧室采用温暖色系，米色墙纸及原木地板，名贵扪布墙身及华丽水晶灯，令私人空间更觉温馨。特大的主卫生间以精品玉雕画增添艺术气息，营造一份高雅感觉。双洗涤盘的设计，配以日式按摩浴缸，二人同处亦感宽敞舒适。设计师特别挑选高质量的国际品牌高级浴室配备，备有独立的淋浴间及浴缸。典雅气派的书房以由一

层延伸的黑海玉特色墙为主题，配以高雅的艺术品及原木家具和书柜，展现户主的独特品味。

03 04

05

01 现代古典风格的过道
02 别墅外观
03 高挑的中庭
04-05 饭厅与酒吧区

05-07 客厅局部
08 舒适的客厅局部
09 偌大的古铜色屏风作为客厅隔断

09

13

14

10-12 书房兼会客室
13 落地大玻璃将阳光引入室内
14 墙面的艺术装饰品

15 高雅的艺术品及原木家具和书柜展现业主的品味
16 温馨的黄色调
17-18 主卧室采用暖色系
19 卧室书桌
20 特大的主卫生间以精品玉雕画增添艺术气息

01

YELAND CITY-YANXI WASHINGTON SHOWFLAT IN BEIJING

北京亿城燕西华府样板房

设计单位　HSD水平线室内设计
主持设计　琚宾
参与设计　姜晓林、陈马贵、吴圳华、张旭
项目地点　北京
项目面积　846平方米
完成时间　2012年

　　设计师以"玉蕴"为概念，从玉的五种自然属性入手，将璞玉质地坚韧、光泽晶润、色彩灵动、组织致密透明、意蕴悠远的气质融入到故宫式的传统经典建筑形式之中，将西式与东方、时尚与经典、内蕴与大气完美融合于设计之中，打造了一个自然舒适的度假风格高端私人别墅。

　　为将璞玉的上述诸种特质完美地运用于空间，设计师从空间线条、材质、色调和景观等各方面着手，在从色彩到材质，从空间布局到软装配饰等各方面，都将细节与品质做到极致。空间大的体块与竖构的线条，体现出简约大气的坚韧的空间感；漆面、玻璃，金属等质感丰富的材质在空间中的巧妙运用，恰到好处，既丰富了空间的层次感，又增加了空间现代时尚的灵动感；而家具配饰的选择上则优雅精致。

　　传统建筑的窗棂形式被重新解构，半透与不透交织的光线效果让空间空间层次感倍增。中庭自然的水池与水中倒影所形成的空间中的空间，营造出山水画般恬静的悠远之味。户外的自然景观设计用了移步换景的手法，带来了丰富多变的视觉延伸，此景可观、可游、可赏，充满了度假式的闲适与情趣。

01-03　客厅
04　中庭
05　入口玄关

06 客厅望向餐厅
07 透光的天窗
08-10 细节配饰图
11 地下一层瑜伽室

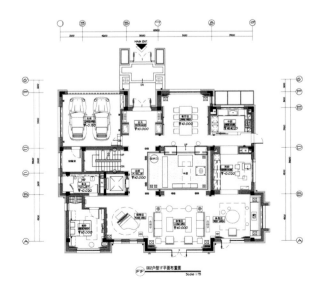

08
09
10

11

12 三层书房
13 书房细节图

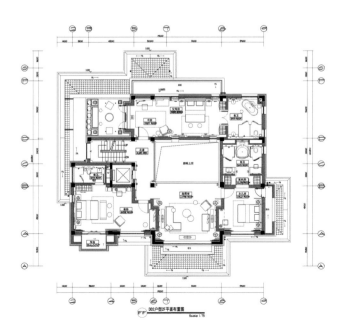

14 负一层书房
15 负一层休息区
16 三层主卧室
17 休息区局部

FF D02户型-1F平面布置图
Scale 1:75

01

NARADA&SPA RESORT PERFUME BAY

三亚香水湾君澜海景度假别墅

设计单位　大勻国际设计中心
主持设计　陈亨寰、张三巧
软装设计　汪晓理
项目地点　海南 三亚
项目面积　881平方米
完成时间　2012年

"朴素"与"豪宅"看似漠不相关，却在君澜海景度假别墅中美妙地交融。禅意雍容的总体氛围中不失贵气，空间格局简洁流畅，不需要附庸的外物堆砌，同样可以展现秋空霁海般海纳百川的气魄。面朝大海，云卷云舒，春暖花开……

背山面海的极佳地理位置、私属海岸的意境幽雅，空间多处运用大面积透视效果，将外部景观与内庭雅院相互交迭。亦有看山不是山，看水不是水的禅意体悟。

此次设计以杭派美学为底蕴，设计师将杭派美学中各种艺术元素与符号加以融会贯通，自然而然地展示于别墅各个端景中，宛如描绘一幅行云流水、潇洒脱俗的泼墨中国画，将别墅塑造构建成一座精致而大气的空间艺术品，区隔出井然有序的空间层次，彰显纯粹、隐逸、静谧的空间气度。

具有收藏价值又形神兼具的经典臻品家具为豪宅生活增加了话题性。臻品家具不仅是体现收藏者的个人品味，更是写意空间休闲风格的经典诠释。

01 别墅外观
02 借景手法的使用让庭院内外景观相交叠
03 简洁流畅的空间格局

02

03

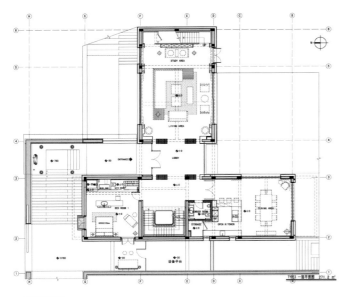

一层平面图

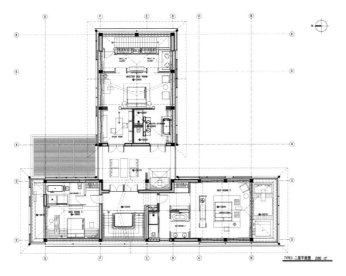

二层平面图

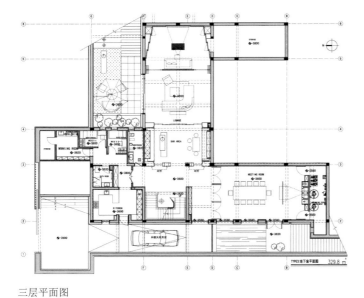

三层平面图

04 室外大面积的露天游泳池
05 楼梯
06 卧房
07 素雅的客厅通过全落地式玻璃窗与外面景色相呼应
08 餐厅

07

08

09 充分利用了自然光线的卧室散发出隐逸、静谧的味道
10 卧室背景墙上的大幅山水画增加了中式美学的氛围
11 客房色调素雅简单
12 浴室
13 中式风格的格局让空间更显大气
14 休息室配有古香古色的收藏品

13

14

01 02

THE PU VILLA SHOW FLAT
IN ZHAOQING

肇庆PU 别墅样板房

设计单位　C.DD尺道设计团队
项目地点　广东 肇庆
项目面积　2,000平方米
完成时间　2012年5月

本案共六层，运用简约的设计手法，在空间布置规划上注重通风采光与空间的穿插对话，增加室内空间的立体层次感。

设计并没有过奢的装饰，却给空间营造出一种吸引人的优雅气质。设计巧妙地运用各种不同的材质搭配，配合灯光、日光的光影变化，营造了一个独特的、氛围多变的空间；此外，设计师有意给这个家注入了一种宁静的气质，带出了一种新的生活模式，提炼出了一种新的生活状态。

01 风景独好的过道
02 简洁的装饰风格
03 淡黄色木质材料清新温暖

03

04 05

06 07

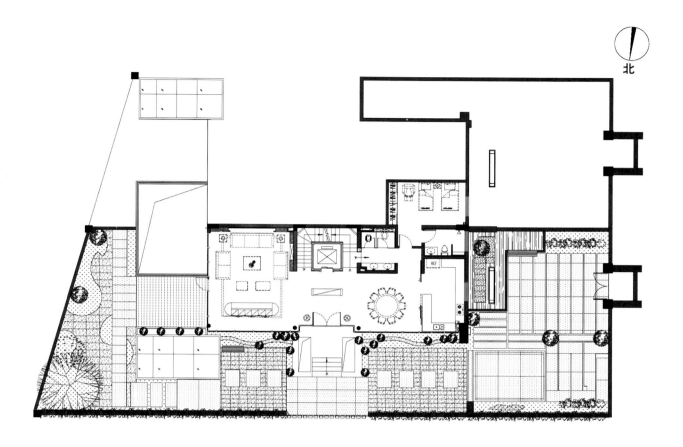

北

04 材质丰富的过道
05 楼道
06 黑色布置让楼道稳重文雅
07 采光的楼道

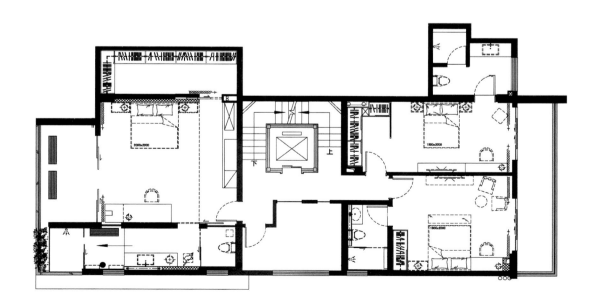

08
09

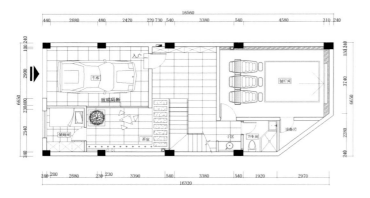

地下层平面布置图
1:70

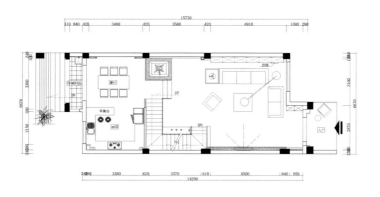

一层平面布置图
1:70

05 从楼梯望向餐厅区
06 通往书房的楼梯
07 餐厅

08 透明玻璃地板上的书房
09 视听室超大的显示屏
10 通往客厅的楼梯
11 客厅以大面积的书架做沙发背景墙

10

11

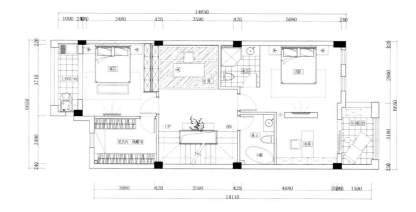

三层平面布置图
1:70

二层平面布置图

12 主卧大面积的玻璃窗可提供很好的观景视野
13 主卧内玻璃围合的全透明主卫
14 次卧

01 02

THE RESIDENTIAL OF SUNSHINE
IDEAL CITY IN FUZHOU

福州阳光理想城某住宅

设计单位　福建国广一叶建筑装饰设计工程有限公司
主持设计　卢皓亮
方案审定　叶斌
项目地点　福建 福州
建筑面积　360平方米
完成时间　2012年

本案以低调的奢华为主线，将材料整体融合统一，让每种颜色和材质都相互衬托，运用不多的颜色让居室有奢华的效果。木头是温润的，玻璃是婉约的，石头是刚毅的，三者处于同一空间时相互呼应，用不同的色调和温度来表达相同的设计语言，便能组合出别致的韵味。棕红色的面板与米黄色的大理石，在白色天花的衬托下突显出墙面的装饰性，而与之衔接的灰色玻璃悄悄地将空间复制，在视觉效果上扩展了空间面积。材质运用上最易让人忽略的楼梯处玻璃，也有它清澈透明独特的映射效果。

在空间的设计上，对于不同的区域，设计师都有着独到的见解，擅长用一些意料之外的铺陈方式塑造空间的效果，设计不乏生活情趣和生活品质，充分烘托出该空间归属感、价值感和品位感，让有限的空间发挥出最大的使用功效。从入户门厅到餐厅再到客厅，此起彼伏的错落处理，不但使得整体空间层次更加丰富，也使得不同区域有更好的相互联动，于无形之中提升了品位。

03

地下一层平面布置图

一层平面布置图

01 入户门厅
02 客厅
03 餐厅
04 客厅望向餐厅

04

05 米黄色的大理石铺设的餐厅地面
06 连接上下的楼梯
07 地下娱乐室
08-09 楼梯间结构

08 09

二层平面布置图

10-12 卧室
13 更衣室
14 地下娱乐室
15 卫生间

01 02

VANKE EASTEN SHORE VILLA IN SHENZHEN

深圳万科东海岸别墅

设计单位　　深圳王五平设计事务所
主持设计　　王五平
项目地点　　广东 深圳
项目面积　　800平方米
完成时间　　2012年

　　在东海岸，一个远离城市中心的地方，有着一份属于自己的私享空间，城市的节奏在这里业已被阳光海风，还有园区蟋蟀声所冲淡，历尽铅华，唯有纯净，忙碌不是所有，慢生活才是回归。

　　成就归来，淡定自己，享纯粹之境。唯有这里，可以让你在疲倦的时候有所依恋。因为这里的每一个细节，都让你记忆犹新。

　　窗外竹情深深，在清风中，拨动着内心的一种悠然之美。

　　餐厅旁边的水线帘，水珠顺着钢线慢慢地滑下，颗颗晶莹剔透，滑动的是一种生活节奏。黑色玻璃的大餐台，没有诉说太多的繁琐，倒是旁边几把新古典风的餐椅，在透着高贵的气质，与餐厅的吊灯相得益彰。旁边的别致餐柜，也让餐厅多了一份光鲜。

　　钢琴厅的蜂巢天花，不经意间就给这里增添了不少艺术氛围。因为透光，拉伸了钢琴厅的视觉高度。沙发背后的几何形体与蜂巢天花异曲同工，在传递着空间的尺度。因为客厅之大，才使设计师勾勒出这个大气的几何形体，让空间在重复着简单的同时，却又不再单一。

　　景观设计是本案一大亮点，顶层屋面的露台被设计改造成一个高尔夫练习场，负一层花园设计也层次迭出，草坪、步道、户外木架、休闲椅等，这些不无营造出了一个舒适、怡人的景观环境。

01 别墅侧立面
02 花园景观
04 客厅
05 客厅有通往楼上的电梯间

03

04

05

PLAN 负一层平面布置图
SCALE 1:100

PLAN 一层平面布置图
SCALE 1:100

PLAN 二层平面布置图
SCALE 1:100

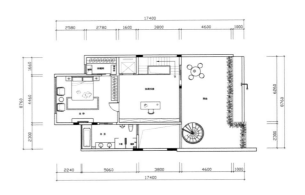

PLAN 顶层平面布置图
SCALE 1:100

06　客厅古典风的沙发
07　钢琴厅的蜂巢天花
08　餐厅

07

08

09 黑色玻璃的大餐台
10 玄关处的艺术摆设
11-13 楼梯间
14-15 地下影音室

16 17

18

16-17 吧台
18 吧台及娱乐室
19 主卧
20-21 卫生间

HUADU BRITISH STYLE VILLA IN CHANGSHA

长沙华都英伦风格别墅

设计单位　鸿扬集团 陈志斌设计事务所
主持设计　陈志斌
项目地点　湖南 长沙
项目面积　420平方米
完成时间　2012年8月

负笈英伦，归国发展，业主家族从事房地产行业十几年，在归国时把非常喜爱的B&C家具也带回国内，这些注定要演绎出一场英伦风范的装饰艺术新篇章。

项目以现代手法来表现装饰艺术时期的线条，界面以石为背景，厚重踏实，配以当代抽象油画，与B&C的家具协调搭配，凸显艺术气质。

前景以皮质软包为主体，优雅含蓄。经典的科林斯石柱强调了餐厅与门厅交接处的门拱形式。栏杆线条玲珑的楼梯优美地连接上下。

客厅、餐厅、父母房、娱乐室、保姆房、酒窖都设计在一楼，卧室都安排在二楼，影视厅满足了全家一起看电影的需求，也兼作二楼起居室。主人的卧室区域达到80平方米，包含了门厅、卧室、书房、卫浴、干蒸房、双衣帽间、健身房、休闲阳台，其实，宽敞的起居室空间也是父母希望多与孩子们聊天交流的用意的体现。

01 客厅前景以皮质软包为主体
02 客厅界面以厚重踏实的石材为背景，配以当代抽象油画，与B&C的家具协调搭配，凸显艺术气质

03 04

05

03 玲珑镂空图案的楼梯栏杆连接上下
04 过道
05 厨房
06 棋牌室
07 地下一层影视厅

06

07

08　二楼书房
09-10　女儿房
11　主卧
12-13　主卫

14 女儿房
15 女儿房
16 男孩房
17 男孩房书房
18 健身房

16

17 18

01 02

GREEN LAKE GOTHOUS HOTEL VILLA IN NANCHANG

南昌绿湖歌德廷中央酒店别墅

设计单位　香港郑树芬设计事务所
主持设计　郑树芬
项目地点　江西 南昌
项目面积　890平方米
完成时间　2012年

　　这是一个生活空间非常富足的居所，加上400多平方米的赠送面积，业主实际能获得890平方米的使用空间。歌德廷是一个可供三代同堂之家使用的完整居所，整个空间的设计目标是让业主获得"一个非常美观、实用性能卓越的私人会所"。

　　设计师用色彩和布置来实现空间功能区的划分，不同的空间拥有不同的风格，用设计师的话来说就是："用色彩表达空间，让感官享受感觉。"

　　地下一层面积240多平方米，布置了酒吧、台球室、棋牌游戏室，和两个英式风格的独立洗手间。半透视隔断的建筑设计让这里明亮而通风，而色彩的运用和变换，让人完全感觉不到这

是地下空间。活动空间十分充裕，可招待20~30个客人，完全实现了"轻松沟通、高雅交流"的场所之用。

　　一楼以客厅为主要活动场所，进门处的玄关是一个充满浓郁中国风格的镂空屏风，显示主人的尊贵儒雅。客厅使用了众多元素的混搭，古典家具中透着现代味道，名贵的布料、丝绒、吊灯、火炉、壁画以及从意大利定制的进口地砖的使用，将奢华做到极致。

　　二楼是父母与孩子的房间，男孩的卧室为黄色调，可以养贵气，扩心胸；而主色调为紫色的女卧室，不仅娇俏，也增添了几分雅致。

　　三楼为主人居所。这里的用色淡雅别致，注重色彩与光影的结合。中西风格结合的各色图

案，古典中透露着时尚，配合圆形▮顶、定制的意大利云石马赛克，充分将主人空间的华贵诠释得淋漓尽致。

　　整个空间设计无论是细节还是整体都洋溢着富贵不倨傲、高雅不高调、热情却脱俗的气息。

01 客厅内充满浓郁中国风格的镂空屏风
02 客厅局部
03 客厅内奢华的进口地砖突出了中心点

04

04 厨房
05 酒吧区
06 餐厅
07 地下一层休闲娱乐场所
08 休息区及过道

07

08

09 地下一层台球室
10 地下一层酒吧区
11 地下一层棋牌室
12 二楼父母房
13 男孩卧室

14 三楼主人居所
15 更衣室
16 主卧书房
17 三楼起居休息室
18 卫生间

17

18

01 02

ZHONGHAI TH250 VILLA
IN JI'NAN

济南中海TH250户型别墅

设计单位　PINKI品伊创意集团＆美国IARI刘卫军设
　　　　　计师事务所
主持设计　刘卫军
项目地点　山东 济南
完成时间　2012年

　　本案名为魅色卡门，独特的色彩搭配是本案鲜明的特征，它们如探戈舞曲般节奏明快，热烈狂放且变化无穷。

　　法式风格的装饰基调与墙体上浮雕感突出的石膏线完美相配。黑白两色大理石地面及红色地毯的色彩拼接，犹如一对探戈舞蹈中的男女，将所有激烈的感情交织其中。浴室中大理石拼花地板映衬着马赛克拼花墙面，配上黑胡桃木框镜子，犹如歌剧中的咏叹调，尽显华丽。

　　陈设方面也很好地配合了卡门探戈的风格，

讲述着探戈中别样的故事。酒窖区的吧台配以高凳，静立于画前，交错的凳腿犹如舞者间的勾腿盘绕，动静结合。沙发、茶几等家具选用较为柔和的线条，犹如飘扬摇曳的裙边，黑白相间的豹纹家具以及卧室中黑色蕾丝床上用品的搭配，使得整个设计透出丝丝性感，神秘且兼具时尚感。

　　在这里，可以尽情感受色彩的切分，聆听乐章的断奏，体会情感中的香艳甜美、神秘莫测又或是嫉恨妒火，享受舞动间的人生故事。

01 酒窖区壁画
02 卧室局部
03 酒窖区的吧台
04 客厅

03

04

05 客厅陈设局部
06 客厅墙面壁画
07 客厅
08-10 卧室局部陈设
11 主卧

08 09 10

11

14 15

16 17

01

VANKE WONDER TOWN H29
SHOWF LAT IN CHONGQING

重庆万科缇香郡别墅H29样板房

设计单位　PINKI品伊创意集团＆美国IARI刘卫军设
　　　　　计师事务所
主持设计　刘卫军
项目地点　重庆
项目面积　300平方米
完成时间　2012年

　　本案的空间设计如同一场浪漫回旋的华尔兹。整体设计简约而不简单，去掉腐朽、保留经典，从整体到局部，精雕细琢，镶花刻金，典雅而高贵。客厅里，优雅的淡蓝浅紫爵士白，如同女性的浪漫情愫；怀旧的深啡暗红高更黑，如同男性的绅士情怀。菱形花砖铺地的中式厨房与餐厅里摆放着的美酒、舒展大方的西厨，让主人可以尽享中、西餐饮。主卧床头的幔帘花边、黑玫

瑰色的水晶宫灯、暗红床头柜、银绒红床尾凳的质感，展现出独特的气质，言说浪漫，亦不过如此。

　　他们在旋舞中梦回几转，在身体的轻触、旋转的脚步中重读了前世的絮语，男人的皮鞋，女人细跟的凉鞋，逾越了一场命运的轮回。如果可以，这场华尔兹便成为永恒，但却是，你的回眸转瞬即逝，再回首已是前世今生。

01 客厅以优雅的淡蓝浅紫爵士白为主色调
02 餐厅及通往楼上的楼梯

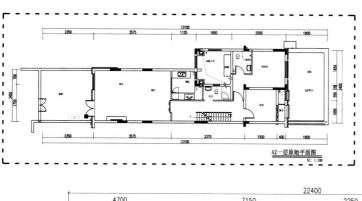

A2一层原始平面图
SC: 1:100

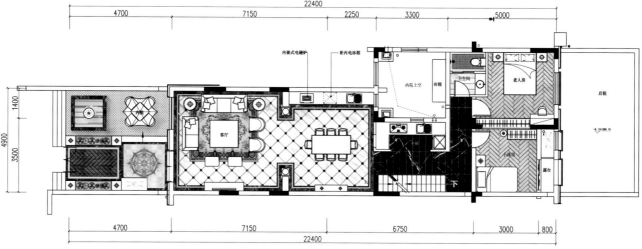

A2一层平面布置图
SC: 1:100

03
04

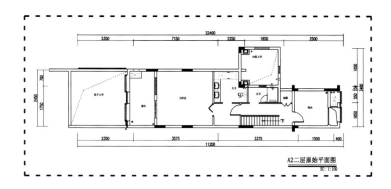

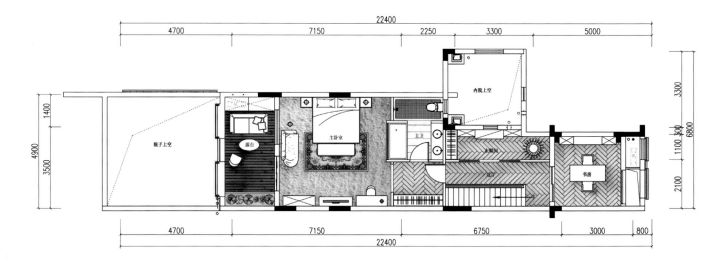

A2二层平面布置图

SC: 1:100

03 客厅
04 餐厅
05 地下休息室

05

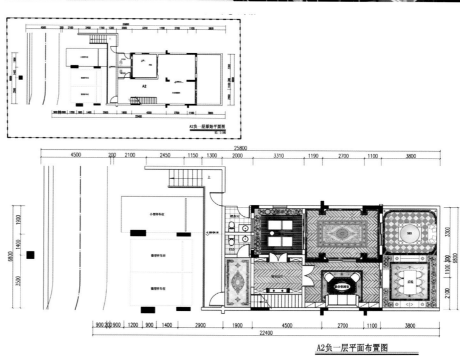

06 儿童游戏房
07 主卧
08 楼梯过道
09 主卧卫生间
10 儿童房墙面细节
11 儿童房

A2负一层原始平面图
SC: 1:100

A2负一层平面布置图
SC: 1:100

01

MINGRI XINGZHOU TOWNHOUSE RENOVATION IN SUZHOU

苏州明日星洲联体别墅改造

设计单位　威利斯设计
主持设计　巫小伟
项目地点　江苏 苏州
项目面积　400平方米
完成时间　2012年

　　经过再造设计后，项目的整体装修呈现深色系为主的现代风格。设计师将地下室设计成休闲室，业主可在休闲室放置投影及吧台等，供平时休息时的娱乐使用。

　　一楼餐厅与大厅的非承重墙已在施工中被拆除，设计师在原墙体位置运用了钢化玻璃隔断，以便让餐厅与客厅间形成一个隔而未断的效果。该隔断可以180°旋转，在钢化玻璃门上使用雪弗板制作成的中国古典园林窗花图样，让原本偏硬朗的现代装饰风格里融入了一些柔美的元素。

　　设计师对原有的天井进行了再次规划，在现有的空间基础上搭建了两条观景走廊，让房子的整体风格在视觉上更加丰富，也更加功能化。

02

01-02 客厅俯视图
03 偏硬朗的现代装饰风格

03

一层平面布置图

二层平面布置图

04 二楼休息区
05 中庭结构图
06 客厅

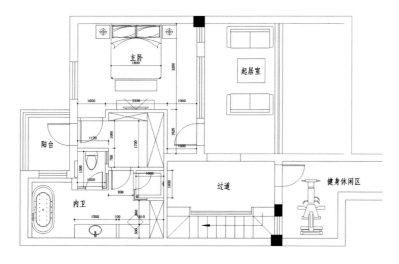

三层平面布置图

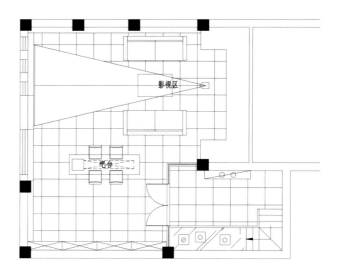

地下室平面布置图

05

06

07

07-08 地下影音休闲室
09-10 楼道结构

08

09

10

01 02

ROYAL GARDEN VILLA
IN SHANGHAI

上海皇都花园别墅

设计单位　香港无间建筑设计有限公司
主持设计　吴滨
项目地点　上海
项目面积　500平方米
完成时间　2012年6月

设计师认为，家的设计首先要营造出一种幸福感。

作为设计师自己的家，选择任何一种固有的风格去装饰都不合适，所以设计师吴滨选择了一个"去风格化"的设计思路。

这所房子的原建筑是一个简约通透的"玻璃盒子"，所以设计师只是合理规划了空间，而尽可能地保留了建筑本身空灵的美感。作为一个设计师和中国水墨画家，吴滨喜欢收藏各类艺术品，同时认为家的室内设计就是一个舞台、一个背景、一个容器，而其中的人就是舞者、就是主角，这个容器可以承载主人的成长，所以吴滨以"GALLERY——画廊"为设计主题，随着主人年龄、心境的不同和阅历的不断积累，更新其中的家私陈设和艺术藏品。这样，一个家就可以与主人一起成长。

01 餐厅
02 玄关景致
03 阳光充足的客厅

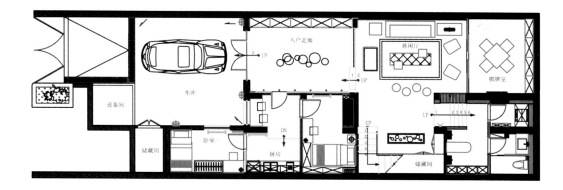

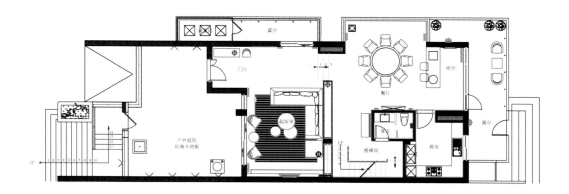

04 白色调的室内色彩氛围
05 客厅局部
06 色彩跳跃的卫生间
07 山水画意境的楼道

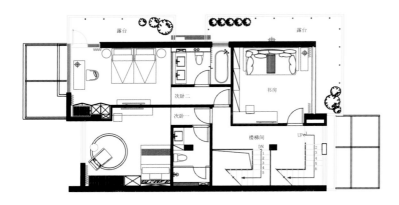

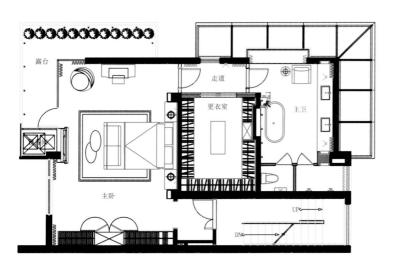

08 卧室内的收藏椅
09 中式风格的书画架
10 木质雕琢的床头
11 光线通透的现代风格卫生间
12-13 地下娱乐休闲室
14-17 露天浴室

12 13

14

15

16

17

「公寓」
APARTMENT

01 02

POLY GRAND MANSION,THE
LOBBY OF NO.5&
NO.15-01 SHOW FLAT IN GUANGZHOU

广州保利天悦15#入户大堂
及15#01户型样板间

设计单位　香港G．I．L艺术与设计顾问公司
主持设计　徐少娴
项目地点　广东 广州
项目面积　1,533平方米（入户大堂）
　　　　　367平方米（样板间）
完成时间　2012年2月

15#入户大堂：大堂的设计突出了建筑经典豪华的设计风格，以简约的线条、现代的图案及丰富的色彩设计，凸显大堂的高挑与大气。同时，将景观绿化与室内贯通，使空间更具活泼生气。

大堂休息区舒适的沙发、墙上的挂画、天花大型吊灯与地面马赛克图案设计，营造了豪华尊贵的氛围，体现使用者的高贵身份。

15#01户型样板间：样板间以典雅的线条为主要表现形式，追求内敛与气质，以简练的图案为背景，不落俗套而又时尚绚丽，并以丰富多姿的艺术形式为表现的宗旨，使整体设计统一而不失细节，华丽而不张扬。

客餐厅空间通透明亮但又富有变化，保持了空间的延续性。家私的选用独具匠心，金色层叠片状的电视柜、典雅的茶几，结合亮丽的不锈钢餐桌椅及圆形图案的挂镜，都渗透着现代风格的影子，经过精心搭配设计被完美地融合，呈现丰富而强烈的视觉效果。

卧室套房的天花和墙身设计一气呵成，优雅、稳重、平和而富有变化，经典而又细腻的设计风格令卧室更具温馨，描绘出居室主人高雅的身品味。

01 入户大堂大气豪华
02 大堂圆形的天顶及奢华的水晶吊灯
03 大堂休息区

03

04
05

06

07

08

09

10 样板房餐厅
11 样板房书房
12 样板房卧室

11

12

01

SIXTH CITY NO.10 TYPE-C
SHOW FLAT IN CHANGSHA

长沙六都国际10# C户型样板房

设计单位	鸿扬集团 陈志斌设计事务所
主持设计	陈志斌
项目地点	湖南 长沙
项目面积	162平方米
完成时间	2012年5月

　　本案为法式Art Deco装饰风格，有别于传统的装饰主义的华丽感，聚焦于实用、典雅与品味的结合，在呈现精简线条的同时，又不失奢华感。通过石材、皮革、灰镜等不同材质的搭配，表达出空间丰富的质感与层次，传递出个性的审美主张。将现代材料及加工技术与传统样式轮廓相结合，融多种风情于一体。设计师将潮流的生活方式、前卫的设计理念、贴心的设计服务完美结合，打造一个专属的法式奢华的家居环境。

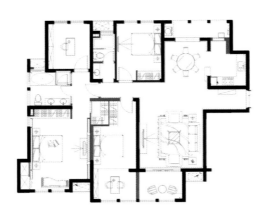

01 法式奢华的客厅家居
02 客厅及餐厅
03 石材、皮革、灰镜等不同材质的搭配

02

03

04

05 06

07 08

04 餐厅
05-06 餐厅细部
07-08 书房
09 主卧

09

14 15

10 次卧
11-12 卫生间
13 过道
14-15 女儿房

LUXURY STYLE SHOW FLAT IN CHANGSHA

长沙红橡华园样板房

设计单位	鸿扬集团 陈志斌设计事务所
主持设计	陈志斌
项目地点	湖南 长沙
项目面积	130平方米
完成时间	2012年4月

　　本案是经典的四房两厅布局，客餐厅的连贯更显出户型的开阔饱满，卧室分列两侧，通风采光绝佳，围绕江景留出了足够大的休闲阳台和主卧飘窗。平面调整中，运用酒水吧台加强了厨房与餐厅的互动，并在休闲阳台布置了观景酒吧。卧室在功能上把主卧与书房、衣帽间、卫生间连贯起来，强调示范单位对于主人舒适度的关注。

　　设计运用新装饰主义Art Deco来打造精美的生活。Art Deco是当下国际时尚的代名词，是一种不断演变中的装饰艺术风格。

　　设计师以客餐厅为核心塑造Art Deco风格，界面装饰元素简洁清新，地面以自由分割的条形石材拉伸空间。家具以亮皮配皮草地毯，餐椅的黑白条纹与电视背景墙相得益彰。主卧气氛浓郁厚重，可吸音的皮质软包使空间静谧，便于休息。书房精巧灵动，黑白搭配塑造爽朗率性的气质。次卧室平和淡雅，墙纸图案点明Art Deco的主题。

　　在这所户型饱满、闲适优雅的江景豪宅里，阳光与清风时刻穿堂入室，为主人打造了舒适绝佳的生活享受。

01 界面装饰元素简洁清新的ArtDeco风格客厅
02 亮皮沙发配皮草地毯
03 餐厅及客厅

02

03

04 酒水吧台加强了厨房与餐厅的互动
05 餐椅的黑白条纹增加白色空间内的节奏感
06 厨房
07 书房

07

08 主卧室
09 卫生间
10 卧室局部装饰
11 次卧室

11

01

HUIZHOU CITY TIMES 1B MODEL
HOUSES IN HUIZHOU

惠州城市时代T1B样板房

设计单位　深圳市帝凯室内设计有限公司
主持设计　徐树仁
项目地点　广东 惠州
项目面积　134平方米
完成时间　2012年

　　本案的设计概念来源于对具有高贵气质与慑人风采的女性形象的想象，风格奢华而不奢靡，贵气而不张扬，简化的古典线条，带着一种悠闲的舒适感。钻石绒硬包以及镜面对空间起到了的延伸作用，同时让空间细腻的质感呈现出了别样的奢华度。大面积的珠光白漆饰面增加了空间的温婉之气；极富心思的家具配饰，隐约地显露了她的内在美。设计师让空间给人带来了娴静舒适、高贵优雅、倾城倾国的大气之美。

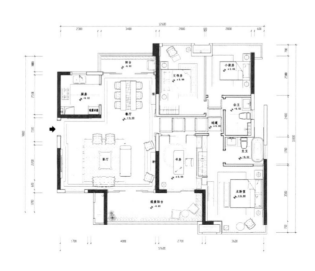

01 客厅整体布局彰显高贵的女性气质

02 线条简化了的复古家具配饰

03-04 大面积的珠光白漆饰面增加了空间的温婉之气

05-07 主卧钻石绒硬包以及镜面延伸空间的视角，增加女性气质

TAIHOT MANGROVE APARTMENT IN FUZHOU

福州泰禾红树林

设计单位　福州宽北装饰设计有限公司
主持设计　郑杨辉
项目地点　福建 福州
项目面积　180平方米
完成时间　2012年5月

每个人的心里都装着一个关于家的梦想，看着城市中亮起的万家灯火，只有家的温暖最贴近我们的心灵。"静聆风吟"是一位儒雅成功人士对自己寓所的期盼，因而新东方风格淡淡散发的内敛尊贵和淡定从容的空间气质是设计师所要表达的主题。

平面动线上的规划将原有的入口玄关划归为餐厅空间，做到餐厅和厨房之间的直接互动，引入了光线和通风。客厅区域和半敞开的书房空间最大限度容纳了家人的沟通互动。

2700摄温的暖色灯光、直线造型的整体空间骨架，将材质的单一性和变化性完美整合。墙上抽象的风景画、"静聆风吟"的屏风、紫砂茶道等装饰，让书香之气在空间中弥漫，潜入心里，诉说新东方空间的气质意境。

01 直线造型的空间规划整合
02 客厅温和的色调
03 舒适的沙发区

平面图标注:

16180
3695 | 240 | 3070 | 240 | 4565 | 220 | 1750 | 2400

花槽
新建铝合金窗
阳台
拉门内藏
书房
客厅
厨房
米缸
陈列柜
鞋柜
隔断
餐厅
主卧
更衣间
酒柜
综合储藏柜
主卫
老人房
储藏柜
小孩房
书房
蒸汽房
次卫
淋浴房

1080 | 240 | 4450 | 10070 | 1200 | 100 | 240 | 2760

1580 | 230 | 3770 | 8960 | 250 | 3130

2160 | 215 | 3260 | 230 | 1570 | 230 | 2755 | 240 | 3070 | 240 | 1380 | 240 540 240
16370

泰禾。红树林A7#2801平面布置图   sc1:100

04 餐厅引入了光线和通风
05 餐厅和厨房空间的直接互动
06 餐厅局部
07 肌理质感丰富的茶歇区
08 卧室

07 08

01

WUFENG LANTING IN FUZHOU
福州五凤兰庭

设计单位　福州宽北装饰设计有限公司
主持设计　施传峰
项目地点　福建 福州
项目面积　75平方米
完成时间　2012年

　　在本案功能区域的划分上，设计作了较大的改动。首先，设计师改变了原始厨房区域的位置与布局，并在其中划分出一个独立的书房空间，这种功能区域的组合实用而有趣。在这个家居环境中，并没有设置传统意义上的餐桌，而是将与厨房毗邻的吧台转化成兼具休闲与用餐功能的载体。吧台的椅子可以满足日常家人的使用，当有宾客来时，可以将客厅的沙发转个方向成为餐椅。

　　客厅区域的面积被截取出一部分纳入错层上方的小孩房，而客厅飘窗的合理利用使得客厅的视觉面积并未缩小，此外，飘窗经过布置可以成为临时的客床。小孩房吸纳客厅的部分区域以安置床铺，抬高的区域具有强大的收纳功能，同时它还将阳台围合进室内空间，使得小孩房的空间得到放大。错层的过道也做了相应的尺度改变，使得主卧拥有了配套的更衣室，也让卫生间的配置更为合理。

01 金属与玻璃营造出冷峻的男人味

02 客厅一角

03 吧台的肌理与地面以及电视背景墙统一在一起

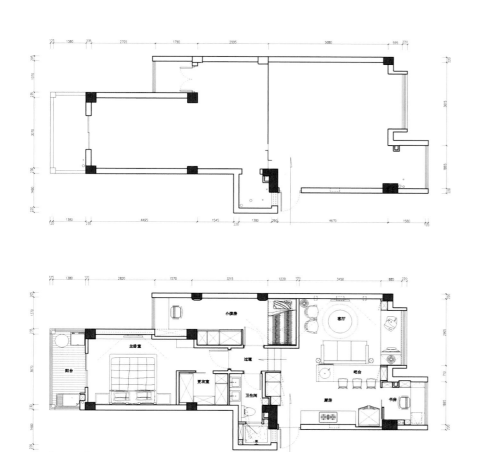

04 吧台的椅子以现代风格承接着空间的氛围
05 白色金属的质感适时地缓和了厨房区域的硬朗
06-07 以黑白格调作为主旋律的客厅

06

07

01

HUIZHOU CITY TIMES 10A MODEL HOUSES IN HUIZHOU

惠州城市时代T10A样板房

设计单位　深圳市帝凯室内设计有限公司
主持设计　徐树仁
项目地点　广东 惠州
项目面积　121平方米
完成时间　2012年

任时光荏苒，白驹过隙，中国传统文化都不会因时间而消散，而是在文人雅士中传承不息。在本案中，设计师就用现代的表现手法演绎着东方意韵的美学精髓。在简洁大气的空间里，木质家具似乎隐隐透露出淡定宁静的心境，造型优美的桌椅、做工精良的花格、玻璃雕刻的荷花图案，端庄而稳健，成熟而高雅。设计空间传递的是沉稳淡雅、修身养性的生活态度，而这个家所承载的，也从不是富丽堂皇的装饰，而是一种大隐于市，闲时只需一杯香茗、一本好书的私享生活。

01 空间色彩搭配呈现优雅的现代东方风格
02 客厅造型复古的木质家具和吊灯
03 餐厅精美的木格背景墙巧妙镶嵌荷花装饰的镜面

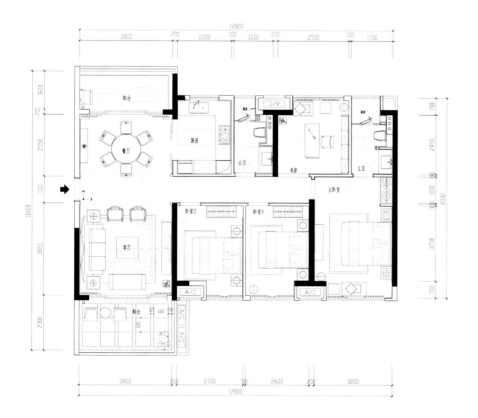

08 书房与卧室相通

09-10 主卧

11 次卧

12 马赛克拼贴的淡蓝色墙面华丽而复古

01

SHOW PROPERTY WANGZHUANG 1980 SHOWFLAT IN FUZHOU

福州世欧王庄1980样板房

设计单位　广州市东仓装饰设计有限公司
主持设计　梁永钊
项目地点　福建 福州
完成时间　2012年

此次设计合作，以20世纪80年代出生的人群为设计目标，我司携世欧王庄地产共同创作这套1980样板房。

有人说过，80后的人不热衷政治，不关心社会。80后的我们不以为然，在这样的时代，所有的亮点并不来自异类，而是来自叫嚣的异类。思想模式的不同，导致了生活态度的不同，因此我们打破一贯的居住模式，以1.5人居住来进行定位，创作出适合我们80后的居住空间。

在80年代的空间，厨房不一定是用来做饭的，沙发不一定是要正襟危坐的，淋浴间不一定是用来洗澡的，床也不一定是用来睡觉的。为此，餐厅与厨房是一体的，一张带灶台的长吧台足以满足做小吃及喂饱自己的要求。客厅与餐厅是在同一空间内，沙发是围合式的，因为沙发在

80后的生活中，从来是用来躺的。这样宽阔的空间里，叫上三五损友来开party，没有正规的椅子，能坐的是一只只绵羊，找不到位置就直接坐木地板上吧。

除了藏有商业机密的书房与给客人整理自己的客卫外，整套居室内都没有"房门"这一概念，全开放的步入式衣帽间，全开放的主卫与全开放的主卧室，主人自用的空间无需封闭，连门我也懒得去开。

主卫与主卧室是在同一空间里的，一个四面玻璃的通透淋浴间搁在床与洗手台之间，那0.5人没关系，主人更没关系，80后的生活模式里，淋浴间本来就是一个情节的发源地。主卧室没有概念中的"床"，有的只是一个高起的地台，扔了一个床垫而已。

卧室的闹钟不仅仅是烦人的噩耗，还有电动窗帘的徐徐卷起，空调的温度调节，灯光的逐渐开启，天气预报与金融咨询的实时显示等等。在这样高科技的时代，吃早餐时读报被浏览覆盖整个墙面的手触电视代替，上洗手间时的无聊被俄罗斯方块游戏代替，一个人生活的宁静被全屋的陈奕迅代替。

整套样板房尽可能地"白"，材质上，地面用的是白橡木，墙面用的是白色烤漆板、白色真石漆、白色人造石，天花用的是白色乳胶漆，空间上，能减则减，能收则收，没有多余的装饰，也没有多余的处理。是的，我们崇尚的是现代西方的极简主义，没有矫揉造作，没有装饰主义，所有设置都是生活所需。

01-02 有一群可以当座椅的绵羊的客厅
03 全开放式厨房
04 厨房连通餐厅

05

06

07

05　全开放步入式衣帽间

06　私密性书房

07　地台上铺上床垫构成的床

08　四面玻璃的通透淋浴间搁在床与洗手台之间

09　公共卫生间

08　09

01

VANKE BLUE BAY TYPE-S6
IN FOSHAN

佛山万科金域蓝湾S6户型

设计单位	广州共生形态工程设计有限公司
项目地点	广东 佛山
项目面积	120平方米
完成时间	2012年9月

　　客厅地大胆采用了竖向彩条墙纸，配以帅气的冲锋枪造型落地灯、黑色真皮沙发，让整个空间在时尚简约中带有几分稳重。开放式厨房连通餐厅的设计，大大地节约了空间。二楼主卧利用镜面拉伸了整个空间，悬挂式的书桌、艺术简约的座椅，为整个空间更添灵动。

01 简单活跃的后现代主义客厅
02 开放式的厨房连接餐厅
03 几何构成的转角墙面延伸至电视背景墙
04 黄色鹿头造型的艺术品让餐厅温馨又神秘
05 现代造型的透明的餐椅

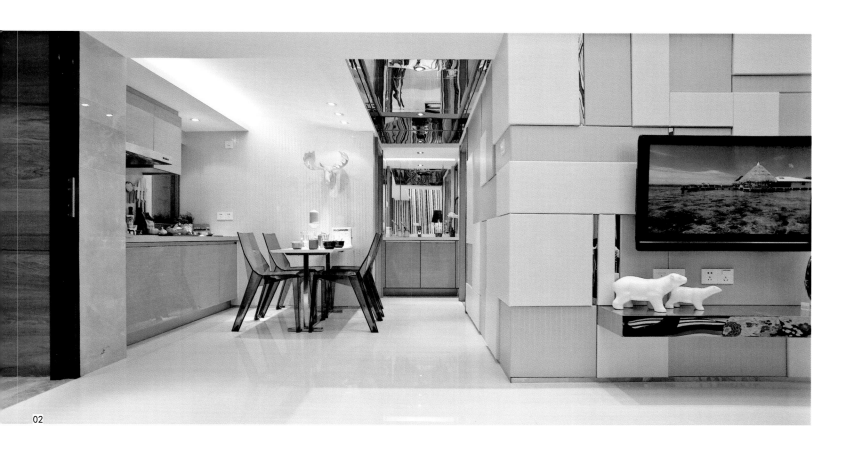

02

03

04 05

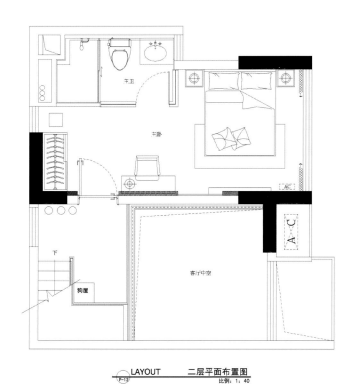

07   08 09

06 黑色的真皮沙发搭配帅气的冲锋枪造型的落地灯

07-09 空间大面积使用了竖向彩条墙纸

10 跳跃的布艺装饰给狭小的卧室增添了情趣

10

12

11 悬挂式的书桌、艺术简约的座椅大大节省了空间

12 充满了幻想色彩的卧室

13 可爱的蘑菇造型台灯增加了卧室的趣味性

14 各种色彩造型混搭的床上装饰

15 墙面挂画年轻时尚

13 14   15

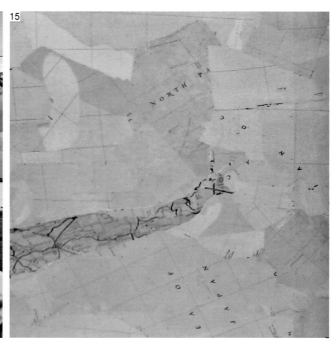

01 02

VANKE GOLDEN INTERNATIONAL GARDEN IN FOSHAN

佛山万科金域国际花园

设计单位　广州共生形态工程设计有限公司
项目地点　广东 佛山
项目面积　120平方米
完成时间　2012年9月

　　森林里随风扬起的花瓣落在客厅墙上，形成了抽象艳丽的挂画；绿色玫瑰造型的茶具、俊丽的黑色羚羊书架、还有喇叭造型落地灯，仿佛这里在举行精灵们的大聚会。餐厅里，神秘的魔术师帽子灯、不规则的错拼装饰画、彩色菱格的餐巾，再点上蜡烛，温馨浪漫的晚餐原来在家里也能实现。主卧飘窗上放置定制的梳妆柜，让主人在清晨的第一缕阳光中享受梳妆。帅气活跃的小孩房也令你乐在其中。

01 餐厅里魔术师的帽子灯增加神秘感
02 造型简单的白色书架
03 羚羊造型的装饰物实际上是实用的书架
04 大胆的空间色彩搭配

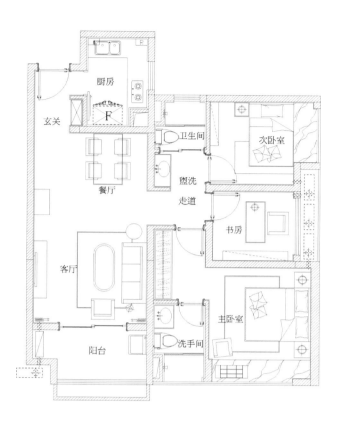

03

04

05

05 黑白竖条纹的地毯与墙面彩色花瓣形
的装饰画强化空间的视觉感受
06 方形的彩色墙面装饰
07 帅气活泼的小孩房
08 主卧飘窗上有定制的梳妆桌

06 07

08

235

TSUEN WAN THE DYNASTY IN HONGKONG

香港荃湾御凯第一座

设计单位　汉象建筑设计事务所
主持设计　刘飞
项目地点　香港 荃湾
项目面积　120平方米

在香港这个快节奏城市，年轻的一代需要什么样的家作为生活的载体是我们所需要考虑的。

本案地理位置非常优越，地处荃湾，靠近维多利亚海港。此住宅可以大面积观海，我们希望提供一种优雅的、现代的、慢生活的方式给业主。由于和业主认识多年，对其生活的方式和对生活的理解已经有了很深的了解，在此前提下方案得到了很好的展现。

我们将客厅、书房、主卧设置为景观面，做到可以处处停留、处处观景。将储物收纳的区域移到房屋的中心，来解决实际使用的问题。

整体的设计去除了复杂的装饰，留下了干净的白色，体现出了一种安静的美。

主要材料，为爵士白大理石和不锈钢镀钛板材料，均是最常见的。住宅的居住区的周围都用爵士白大理石包裹，而中间的贮藏区域用的是镀钛板饰面。这套户型的2个房间均为套间，更好地确保了私密性。

01

HUIZHOU CITY TIMES 16E MODEL HOUSES IN HUIZHOU

惠州城市时代16E样板房

设计单位	深圳市帝凯室内设计有限公司
主持设计	徐树仁
项目地点	广东 惠州
项目面积	50平方米
完成时间	2012年

　　本案是为追求前卫时尚的业主打造的样板空间。整体巧妙的布局增强了空间的层次感；家居配饰丰富了空间的色泽而不致堕入空洞；珠光白漆饰面的采用是为了在视觉上制造更多想象的空间，其所营造的伸展感突破了它本身的空间局限。局部镜面的运用拉伸了空间的进深，营造出了空间整体轻松的视觉感受。

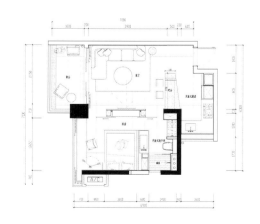

02

01 色彩搭配清新跳跃的客厅区域
02 从客厅望向厨房
03 客厅与卧室之间为半封闭式

03

04 黄色地灯、蓝色抱枕、水墨墙纸让白色调居室的视觉感倍增
05 洗漱间巧妙利用卧室空间
06 客厅望向卧室
07 大面积玻璃窗开阔了紧凑卧室的视野

01

XC LOFT SHOWFLAT IN SUZHOU
苏州新城复式公寓样板房

设计单位　上海塞赫建筑咨询有限公司
主持设计　王士龢、柯津宇
项目地点　江苏 苏州
项目面积　65平方米
完成时间　2012年1月

　　本案为新城地产设计的小复式户型，主要针对年轻客户群体。整体设计非常简洁：厨房、卫生间、餐厅、客厅位于一楼，卧室兼工作室位于二楼。设计尽量保持户型的通透性以及明亮宽敞的氛围，并采用了个人情感较强的白色加蓝色的整体色调搭配。软装方面除了精致的家具以及墙纸之外，我们也利用了老相机、照片、脚踏车等特殊饰品，来体现屋主的个性以及生活氛围。所有设计装饰均旨在重点体现该户型可成为年轻业主秀出个性的展示宅体。

02

01 简洁的餐厅布置
02 客厅俯视图
03 沙发背景墙上的脚踏车体现了屋主人的个性

03

04

05 06

07 08

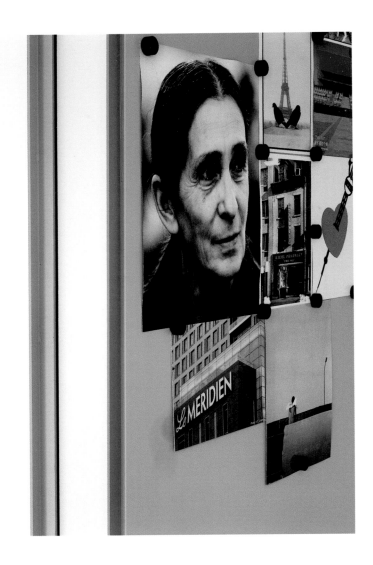

01 02

THE "FLOWING" APARTMENT
IN TAIPEI

台北 "流动空间" 公寓

设计单位　张弘鼎建筑师事务所
主持设计　张弘鼎、刘蓁
项目地点　台湾 台北
项目面积　60平方米

如何在仅60平方米的空间中创造具有流动感的空间经验，是本案最大的设计目标，我们试图打破传统的住宅平面，将原有的各自独立的空间以"一个大空间"的观念进行规划，以工作区域为中心，一侧为公共空间，一侧为私密空间，利用拉门的开合解决不同情况下的使用需求并创造强烈的流动感。

空间氛围的塑造回归材料本身的特质，住宅整面南向采光的优势配合优雅的细节，使设计创造出了丰富的光影变化，并寻求小空间存在的各种可能性。

03 04 05

01 由起居室望向主卧室
02 有趣的工作墙面
03 厨房走道也是衣橱细部
04 入口鞋柜
05 起居室主墙面
06 工作室细部

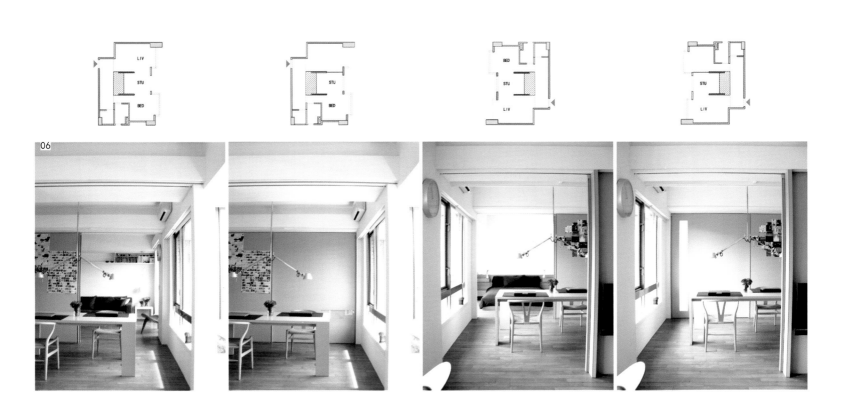

06

249

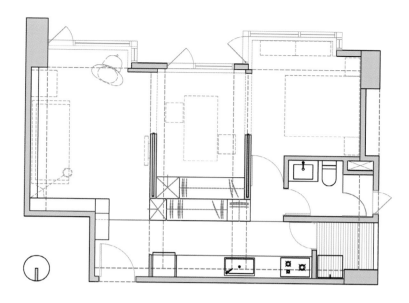

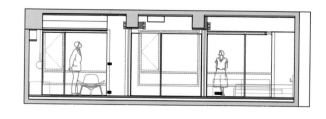

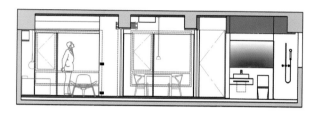

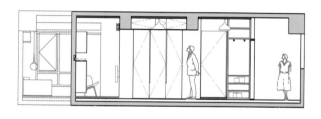

07 厨房
08 起居室书架一隅
09 工作室兼主卧室
10 清爽的起居室主墙面
11 客厅沙发
12 室内摆置物
13 拉门细部

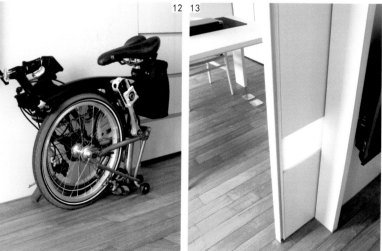

01 02

THE QUIET RESIDENCE OF STONE, WOOD AND WATER IN TAIPEI

台北"石木水静"宅

设计单位　阔合国际有限公司
主持设计　林琼然
项目地点　台湾 台北
项目面积　115平方米

这套住宅坐落在台北市安和路弄内闹中取静的旧公寓五楼，房子的主人希望房子具有多重功能性但空间之间彼此又不至于冲突，期待创造出能完全伴随着儿女成长并在此留下美好的回忆场所。

设计师利用天然材料建构出自由并隐含秩序的空间，隐藏的门把私密空间给藏了起来，也让布局因此有了弹性，而客厅与阳台那道斜面折叠门横跨在内外的交界处，把里外的关系给模糊了，产生了难以辨别的界线。户外水池可以是花围也可以是打坐平台、阳台，同时兼具工作空间功能，餐桌也是工作桌，雅房必要时就成为套房，伴随着日常需求，让家不断地变化游移，创造出更多的故事。

多处空间留白与原木的搭配，黑色石材与灰色砖的搭配所组构的画面，展现出脱俗的气质。在这个空间内除了展现现代居家的明亮与洁净，那一块送给小孩的三角形水池，在繁华的现代都市，难得地增加了这个小品之家的情趣与美意。

01 简洁的餐厅布置，餐桌必要的时候也可作书桌用
02 木质结构的过道隔断
03 三角形水池增加室内的情趣与美意
04 大面积灰色石材的电视背景墙

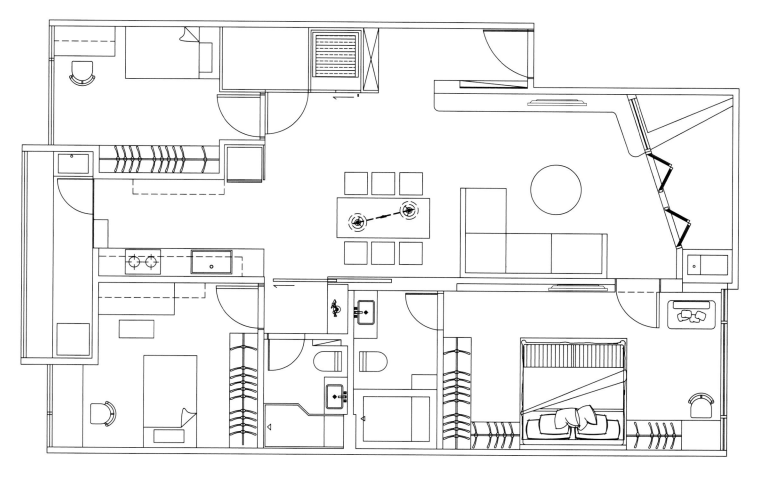

plan S:1/60

05 餐厅及厨房
06 合理利用空间放置的跑步机
07 大面积木饰面的卧室
08 卧室局部
09 简约风格的厨房

08

09

01　02

ZHU'S APARTEMENT IN TAIPEI

台北朱宅

设计单位　阔合国际有限公司
主持设计　林琮然
参与设计　邹卓伟、陈鸿廷
项目地点　台湾 台北
项目面积　173平方米

　　本案位于台北市核心区——帝宝高级住宅区后方的旧公寓大厦中，朱家二老希望趁子女于国外求学时，把已经使用了三十多年的家，重新调整为平淡又完美简单的设计风格。

　　设计师提出的概念为："干净即真，简单即美。"这种大隐于市的生活信念正是历经了人生岁月的朱家二老最渴望的。设计舍弃过多的装饰与无用的摆设，纯粹用材质去打造真实的品味，巧妙用空白去展现豁达的心境。

　　空间由入口开始一分而二，主卧与客厅在南 、子女房与餐厅在北，机能清楚的分区，使长幼有序不至于互相干扰。设计以简约的弧线连贯公共区，加强水平方向的延伸感，并将视觉尽可能拉长，走道空间也因此被扩大，试图营造一种流动的自由生活方式。客厅利用实木墙面把主卧隐藏其中，可滑动玻璃门方便弹性使用空间，而主墙面由弯曲的玻璃切面构成，如时间流瀑般让空气产生了细腻的变化，曲折写意地刻划出如生命片段的痕迹。

　　此外考虑夫妻双方爱好，绕着餐厅添加了棋牌与国画室，让生活情趣在这低调含蓄的氛围中添加了灵动性。

01　电视背景墙细部
02　过道
03　客厅

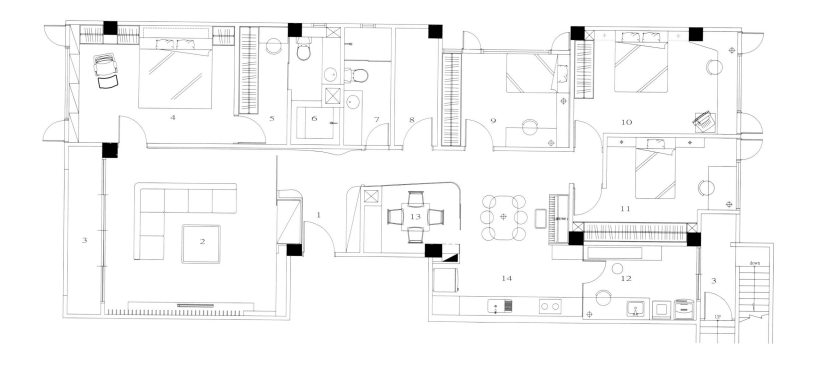

04
05
06
07

08

04　过道墙面大块面的实木墙面
05　客厅局部
06　玻璃门方便弹性使用空间
07　卧室

08　棋牌室
09　简约大气的空间一角
10　卫生间
11　大理石铺设的浴缸

09　10　11

01

ZONGTAI YONGHE SHOWFLAT IN HSINHU

新竹总太雍河样品屋

设计单位　杨焕生建筑室内设计事务所
主持设计　杨焕生
项目地点　台湾 新竹
项目面积　180平方米

　　长方形的空间配置使本案拥有三面采光，在布局简洁的前提下，内饰以素雅的灰黑色系营造出和谐高雅的调性。在基调淡雅的客厅、餐厅里，设计师运用镂空格栅烘托厅室的穿透感，特意选择身型简练低矮的家具维系空间的开阔感，让视野能通透开阔。

　　客厅运用水平分隔的方式将皮革立面作为主墙并将视听设备柜包含其中。与皮革相连的墨色镜面及不锈钢收边的茶几让空间多了几分金属感，置于以暖灰色系为主的空间基调中，一深一浅、一软一硬、交交叠叠地将空间材质元素堆叠出韵律感。

　　设计师将卧室、书房、更衣区结合一起，制造空间的开阔感，并运用丰富的材料元素，为素雅居室注入了细腻的质感变化，传达了考究的生活美学。

01 基调淡雅的客厅
02 客厅大面积的落地窗给室内提供了极佳的光照条件
03 简练低矮的家具维系了空间的开阔感

04 餐厅
05 书房
06 过道
07-08 卧室

09 空间开阔的主卧
10 更衣室及主卧
11 主卧局部
12 卫生间
13 卫生间望向主卧
14 卫生间局部

13 14